SPACE STATION ACADEMY

太空学院
无法登陆的
海王星

[英] 萨利·斯普林特 著

[英] 马克·罗孚绘　罗乔音 译

中信出版集团 | 北京

图书在版编目（CIP）数据

无法登陆的海王星 / （英）萨利·斯普林特著；罗
乔音译；（英）马克·罗孚绘. — 北京：中信出版社，
2025.1. —（太空学院）. — ISBN 978-7-5217-7219
-7

Ⅰ．P185.4-49

中国国家版本馆 CIP 数据核字第 20246VP234 号

Space Station Academy: Destination Neptune
First published in Great Britain in 2023 by Wayland
© Hodder and Stoughton Limited, 2023
Editor: Paul Rockett
Design and illustration: Mark Ruffle
Simplified Chinese translation copyright © 2025 by CITIC Press Corporation
ALL RIGHTS RESERVED

本书仅限中国大陆地区发行销售

无法登陆的海王星
（太空学院）

著　者：〔英〕萨利·斯普林特
绘　者：〔英〕马克·罗孚
译　者：罗乔音
出版发行：中信出版集团股份有限公司
　　　　　（北京市朝阳区东三环北路 27 号嘉铭中心　邮编　100020）
承 印 者：北京瑞禾彩色印刷有限公司

开　　本：787mm×1092mm　1/16　　印　　张：24　　字　数：960 千字
版　　次：2025 年 1 月第 1 版　　　　印　　次：2025 年 1 月第 1 次印刷
京权图字：01-2024-3958
书　　号：ISBN 978-7-5217-7219-7
定　　价：148.00 元（全 12 册）

图书策划　巨眼
策划编辑　陈瑜
责任编辑　王琳
营　　销　中信童书营销中心
装帧设计　李然

目录

本书人物

波特博士

莫莫

莎拉

麦克

星

乐迪

目的地：
海王星

欢迎大家来到神奇的星际学校——太空学院！在这里，我们将带大家一起遨游太空。快登上空间站飞船，和我一起学习太阳系的知识吧！

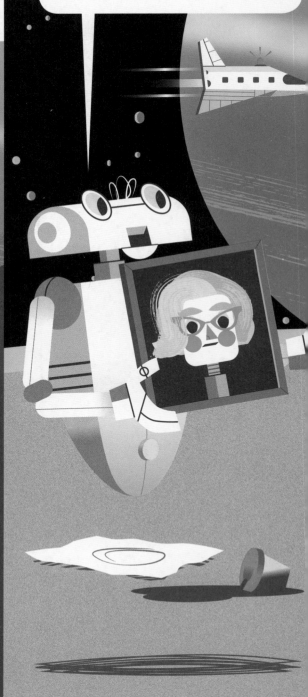

今天，特别优秀的安·德罗教授要来视察我们学校，和我们一起去海王星参观。你们看起来很忙呀，都在忙什么呢？

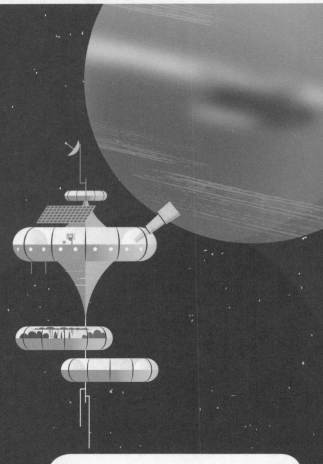

今天，太空学院正接近海王星。有位重要的客人——太空学院的督导员，要来加入他们的课堂。同学们铆足了劲儿，想要给客人留下好印象。

我们正努力学习海王星的知识，来展示我们有多爱学习！你们知道吗，海王星是通过数学计算出位置，然后才真正看到它。

它的航天飞机来了！我们要不要收拾一下东西？

我在画海王星，试着调出最接近它的那种蓝色。

我编了一段海王星之舞，这是我对海王星的理解，教授一定会喜欢的。

我给莎拉的舞蹈写了首歌，这也是我的"海王星之歌"！

太空飞机中。

太阳

我来开太空飞机！我是高级太空驾驶员！你就好好讲课吧。

这就是壮观美丽的海王星，它在太阳系的边缘，围绕太阳旋转。它距离太阳差不多有 45 亿千米远。远处那颗明亮而闪烁的星星就是太阳！

猜猜看，太阳光要花多久才能到达海王星？

嗯……不知道，波特博士，你告诉我们呗。

要花大约 4 小时！
不可思议吧！

离太阳较远的四颗行星之间的距离也非常远。比如，天王星是海王星最近的邻居，距离也有 16 亿千米。

你们看，海王星转得多快啊！海王星上的一天只有 16.11 小时。

太好了，这一天会很快过去，德罗教授很快就会回去了。

孩子们，你们今天好安静……没有什么问题想问吗？

请问，太空飞机能开快点儿吗？

真没礼貌！

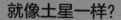

打扰一下，老师，那些是海王星的星环吗？

就像土星一样？

还有木星！

海王星的星环在黑暗中很难观察到。有问题的时候，你们应该先举手！不准大喊大叫！

海王星有许多星环，它们非常暗淡，由尘埃构成。

每个星环都有名字，从内到外依次是：加勒环、列维尔环、拉塞尔环、阿拉哥环、亚当斯环。

离我们最近的环上有奇特的凸起，叫作"环弧"。

这些星环之所以能形成，可能是因为一颗卫星曾经靠近海王星，最终破碎了。星环总有一天会消失，所以我们能近距离看到它们是很幸运的！

德罗教授，你开得真好，不过如果你再开快点儿，我们就错过星环了。

真谢谢你的建议，年轻人……

离得近了，我们就可以看出，海王星是一颗多么明亮的蓝色星球啊！

海王星的大气层是由气体组成的，正是这些气体让它看起来蓝蓝的。海王星是气态巨行星，主要由气体和一个小的岩石内核构成。

你们觉得，海王星为什么会叫海王星？

海王星的名字，来源于古罗马神话中的海神，海洋也是蓝色的！

现在一起来看看海王星的内部结构吧。

大气层

核心

海王星的大气层下，是厚厚的冰层。这一层经过巨大压强的不断挤压，形成了钻石。

钻石形成后向下沉，科学家认为，可能有一整片钻石海覆盖着海王星的岩石核心！

哇！我真想亲眼看看！

这孩子怎么傻乎乎的！要是你过去了，你也会被挤成钻石的。波特博士，你讲课是不是偏离主题了？

这教授真没礼貌！

乐迪才不傻呢。

海王星的表面没有陆地，所以我们不能降落在上面。我们就在大气层里畅游一下吧。

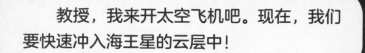

教授，我来开太空飞机吧。现在，我们要快速冲入海王星的云层中！

好吧，没问题。开太空飞机可是很累的。

哇！从外面看，海王星很平静啊！

但它的内部风起云涌！

海王星没有陆地，也没有山脉或海洋之类的景观。没有山脉、海洋来减缓风速或改变风向，在海王星的赤道上，风速可以达到 2 400 千米 / 时，风向与海王星自转方向相反。

德罗教授，你知道每小时 2 400 千米的速度意味着什么吗？

嗯，不知道……

意味着风的速度比声音传播的速度还快！

它是"超声速"风！

对！说得很好，孩子们！

好了，现在，让我们离开狂风呼啸的大气层，把视线转到别处吧！

波特博士，你是最棒的！我们永远也不会忘记海王星上的风速有多快！

好啦，小朋友们，该冷静一下了。现在，我们来看看海王星的卫星吧。

目前，科学家发现了 14 颗卫星，也可能还有一些没发现的。

海卫十三是离海王星最远的卫星，它离海王星的距离比太阳系中其他卫星离各自行星的距离都要远。

我们来看看它们！

你们这群孩子，真让人头疼！

我们现在要去参观最大的一颗卫星——海卫一！

海卫一和海王星不是同时形成的。它很可能曾是柯伊伯带的一颗矮行星，后来被海王星的引力捕获，才成了它的卫星。海卫一是唯一与海王星运行方向相反的卫星。这是一颗迷人的冰卫星！

莫莫准备了喷气背包，这样我们就可以探索海卫一了！教授，它也给你准备了一个。

别开玩笑了，波特博士！

在海卫一。

大家看，海卫一表面十分冰冷，覆盖着霜雪，你可以试试，能不能捏个雪球出来。这里的冰下可能有海洋，而有水的地方就可能有生命！

海卫一的表面很年轻，只有几百万年的历史，所以它非常光滑，没什么陨石撞击坑！

海卫一直径约 2 700 千米，距海王星 354 800 千米，绕海王星一周需要 5 天 21 小时。

我们真的很享受这次旅行，也学到了很多东西。希望德罗教授能看到你是个了不起的老师！

当海卫一上被阳光照射的区域的地表温度上升 4°C 时，就会出现有趣的现象——地表下冻结的氮开始融化，形成间歇泉！

22

不一会儿，大家都安全到达地面。

回到飞船。

然后，在海卫一，一眼巨大的间歇泉唰的一下把我冲到了空中！孩子们飞快地赶过来救我，真是令人欣慰！

哦！你还挺幸运的，要知道，有时这些间歇泉可以喷到 100 千米高！

德罗教授，现在我可以问问题了吗？

你想喝点儿茶吗？

你想吃饼干吗？

要再来一个靠垫吗？

太空学院的课外活动

太空学院的同学们参观了海王星之后，产生了很多新奇的想法，想要探索更多事物。你愿意加入他们吗？

波特博士的实验

试着自己造雪，做出海卫一上的景观吧！

玉米淀粉

碳酸氢钠
（小苏打）

材料

· 托盘
· 200 克玉米淀粉
· 200 克小苏打
· 水

方法

· 将玉米淀粉和小苏打在托盘上混合。
· 加入少量的水，每次一勺，然后用手搅拌，直到混合物变得能成团，但仍保持松散，就像真的雪一样。
· 你可以用自己的雪制作海卫一上的景象了。你可以堆雪人，捏小雪球，甚至还可以做一眼间歇泉，上面放上德罗教授的模型！

更多可能

如果你在雪里加的水过多或者不够，结果会怎样？

将雪储存在密封容器中。它会有变化吗？第二天它还是同样的稠度吗？

禾迪了解的海王星小知识

八大行星中，尽管海王星离太阳最远，它却不是太阳系中最冷的行星。海王星的核心会产生许多热量，也就是说，海王星释放的热量比从太阳那里获得的热量还要多。

麦克了解的海王星小知识

参观海卫一的时候，我们了解到，它的公转方向与海王星的自转方向相反，因此它的轨道叫作"逆行轨道"。海王星的其他卫星的旋转方向都与海王星相同，它们的轨道叫作"顺行轨道"。

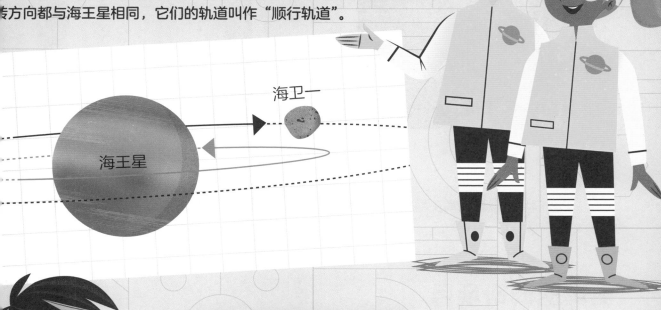

海卫一

海王星

星的海王星数学题

海王星离太阳非常远，我们也来做一串非常长的加法算术题吧。

8 + 14 + 4 + 27 + 7 + 18 + 6
+ 7 + 12 + 1 + 9 + 10 + 3 + 5
+ 22 + 17 + 2 + 100 = ？

你能算出结果吗？

莎拉的海王星、海卫一图片展览

欢迎来到海王星、海卫一实拍图片展！这些照片都是旅行者2号探测器拍的。

从这张照片可以看出海王星有多么蓝！

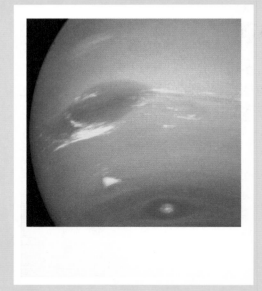

再靠近点儿，可以看清楚细节——有云朵，有风暴眼。

莫莫的调研项目

了解海王星是怎么发现的，是谁在什么时间发现的。科学家发现海王星之后的第17天又发现了什么。其中的故事非常精彩！

这是海卫一，你觉得它像不像一轮冰月亮？

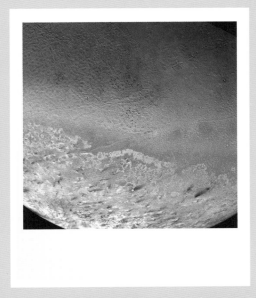

仔细观察海卫一，可以看到它表面的纹理：中间看起来很光滑，底部结了冰，不太平坦。

数学题答案

272。

词语表

超声速：比声音传播速度还快的速度。

赤道：一条虚构的、环绕行星表面且与南北两极距离相等的圆周线。

大气层：环绕行星或卫星的一层气体。

核心：某物的中心，比如行星的中心。

间歇泉：本书中指从行星表面下时不时喷出的气体或液体柱。

柯伊伯带：太阳系中海王星轨道之外的巨大的圆环状区域，包含数百万个冰质天体。

太阳系：由太阳以及一系列绕太阳转的天体构成。

引力：将一个物体拉向另一个物体的力。

直径：通过圆心或球心且两端都在圆周或球面上的线段。